우리 아이 처음 배우는
동물 백과

글 해바라기 기획

해바라기 기획은 어린이 눈높이에 맞춰 어린이 책을 기획하고, 원고를 쓰고 있습니다.
그동안 펴낸 책으로 『1학년이 보는 과학 이야기』『저학년이 보는 과학 이야기』『1학년이 보는 속담 이야기』『저학년이 보는 우주 이야기』『저학년이 보는 지구 이야기』『저학년이 보는 동물 이야기』『저학년이 보는 인체 이야기』 등이 있습니다.

그림 최경희 

대학교에서 시각디자인을 전공하고 (주)바른손카드, (주)서울그리팅스 디자인실에서 근무했습니다. 아이들을 사랑하고 아이들을 위한 그림 그리기를 좋아하는 선생님은 현재, 프리랜서 일러스트레이터로 활동하며 북아트 강사를 겸하고 있습니다.

초판 1쇄 발행 2012년 3월 10일
초판 2쇄 발행 2013년 12월 10일

발행인 최명산 **글** 해바라기 기획 **그림** 최경희
책임 교정 최윤희 **디자인** 권신혜 **마케팅** 신양환 **관리** 윤정화
펴낸곳 토피(등록 제2-3228) **주소** 서울시 서대문구 홍제천로6길 31 201호
전화 (02)326-1752 **팩스** (02)332-4672 **홈페이지 주소**
http://www.itoppy.com

ISBN 978-89-92972-48-2
ISBN 978-89-92972-44-4(세트)

우리 아이 처음 배우는 동물 백과

글 해바라기 기획
그림 최경희

동물 백과를 시작하며

우리가 사는 지구에는 여러 종류의 생물이 있어요.
그 가운데 살아 움직이는 것들을 동물이라고
하지요. 쉽게 말해서 개, 고양이, 소, 토끼, 나비,
물고기, 모기, 파리……. 등등의 것들이지요.
동물은 종류도 많고 사는 모습도 서로 달라요.
땅에서 사는 동물이 있는가 하면, 물에서 사는
동물이 있고, 하늘을 나는 동물도 있어요.
그런데 궁금하지 않나요? 동물은 사람처럼 자신의
생각을 말로 표현할 수도 없는데, 어떻게 오랜 세월
함께 어우러져 살고 있을까요?
그리고 동물마다 가지고 있는 행동이나 습관 등은
무엇을 뜻하는 걸까요?

개는 왜 한쪽 다리를 들고 오줌을 눌까?

고래는 왜 물을 뿜을까?

꿀벌은 어떻게 꿀이 있는 곳을 알까?

동물도 배꼽이 있을까?

"정말 왜 그럴까?" 호기심이 샘솟는 어린이라면,
누구나 한 번쯤 묻고 싶은 것들이지요?
그럼, 지금부터 이러한 궁금증들을 하나하나 풀어
보아요. 그런데 쉿! 동물들에게는 절대 비밀이에요.
자신들의 사생활을 엿본다고 불평할지도
모르니까요.

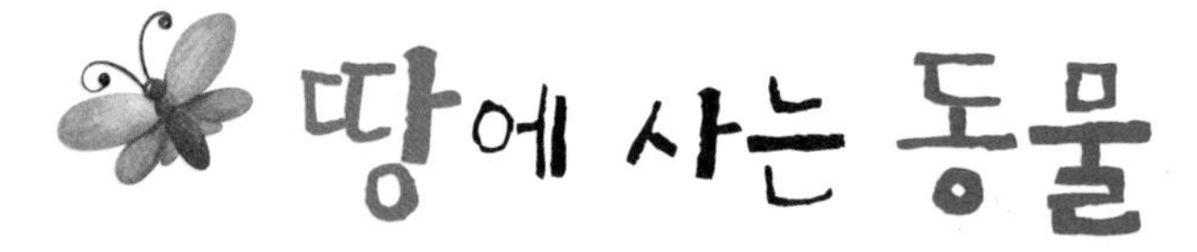

01. 개 코는 왜 늘 축축한가요? 20

02. 개는 왜 한쪽 다리를 들고 오줌을 누나요? 22

03. 북극곰의 털은 왜 하얀가요? 24

04. 투우는 왜 빨간 천을 보면 달려드나요? 26

05. 뱀은 왜 혀를 날름거리나요? 28

06. 하얀 토끼는 왜 눈이 빨개요? 30

07. 지렁이는 왜 비가 오면 땅 위로 올라오나요? 32

08. 얼룩말의 몸에는 왜 얼룩무늬가 있나요? 35

09. 코끼리는 왜 코를 마음대로 움직일 수 있나요? 38

10. 원숭이 엉덩이는 왜 빨개요? 40

11. 캥거루는 왜 배에 주머니가 있나요? 42

12. 얼음 땅에서 사는 동물은 춥지 않나요? 44

13. 도마뱀은 꼬리가 잘려도 살 수 있나요? 46

14. 여우는 정말 꾀가 많은가요? 48

15. 돼지는 왜 몸에 진흙을 묻히나요? 50

16. 판다는 대나무만 먹나요? 52

17. 달팽이도 이빨이 있나요? 54

18. 곰은 왜 꿀을 좋아할까요? 56

19. 토끼는 왜 자신의 똥을 먹나요? 58

20. 염소는 왜 종이를 먹나요? 60

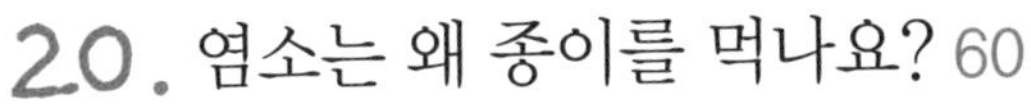

물에 사는 동물

21. 물고기는 어떻게 물속에서 숨을 쉬나요? 64

22. 물고기는 어떻게 헤엄을 잘 쳐요? 67

23. 오징어는 왜 먹물을 쏘나요? 70

24. 고래는 왜 물을 뿜나요? 72

25. 복어는 왜 배가 볼록한가요? 74

26. 금붕어는 왜 입을 뻐끔거려요? 76

27. 고래는 어떻게 잠을 자나요? 78

28. 거북은 어떻게 오래 살까요? 80

29. 오징어도 피가 있나요? 82

30. 게는 왜 옆으로 기어요? 84

31. 물고기의 귀는 어떻게 생겼을까요? 86

32. 조개는 어떻게 움직이나요? 88

33. 날치는 어떻게 날 수 있나요? 90

34. 메기의 수염은 왜 긴가요? 92

35. 문어는 왜 몸의 색깔을 바꾸나요? 94

36. 돌고래는 정말 똑똑한가요? 96

37. 오징어 먹물로 글씨를 쓸 수 있을까요? 98

38. 민물고기는 왜 물을 거슬러 헤엄치나요? 100

39. 연어는 어떻게 태어난 곳으로 돌아오나요? 102

40. 해마는 수컷이 알을 낳나요? 104

41. 가자미의 눈은 왜 한쪽으로 쏠려 있나요? 106

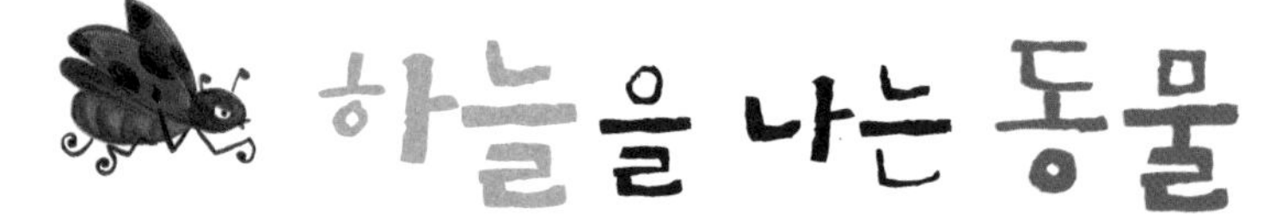

42. 박쥐는 왜 거꾸로 매달려 있나요? 110

43. 메뚜기 떼가 왜 무서워요? 113

44. 꿀벌은 어떻게 꿀이 있는 곳을 아나요? 116

45. 반딧불이는 왜 엉덩이에서 빛이 나나요? 118

46. 매미는 왜 시끄럽게 우나요? 120

47. 파리는 왜 앞다리를 비빌까요? 122

48. 전깃줄에 앉은 참새는 왜 감전되지 않나요? 124

49. 앵무새는 어떻게 말을 하나요? 126

50. 갈매기는 왜 바닷가에 많은가요? 128

51. 철새는 왜 V자로 날아가나요? 131

52. 나방은 왜 불빛이 있는 곳으로 날아드나요? 134

53. 두루미는 왜 한쪽 다리로 서서 잠을 잘까요? 136

54. 딱따구리는 왜 나무를 쪼아 대나요? 138

55. 뻐꾸기는 왜 남의 둥지에 알을 낳아요? 140

56. 꿀벌은 왜 침을 쏘면 죽을까요? 142

57. 하루살이는 하루만 사나요? 144

58. 모기가 좋아하는 혈액형도 있나요? 146

59. 올빼미와 부엉이는 무엇으로 구별하나요? 148

동물에 대한 궁금증 더

60. 동물과 식물은 어떻게 다른가요? 152

61. 동물도 배꼽이 있나요? 154

62. 알은 왜 타원형인가요? 156

63. 동물들도 서로 이야기를 하나요? 158

64. 동물은 왜 겨울잠을 자나요? 160

65. 세상에서 가장 큰 새는 무엇인가요? 163

66. 새도 오줌을 누나요? 164

67. 세상에서 가장 큰 동물은 무엇인가요? 166

68. 세상에서 가장 게으른 동물은 무엇인가요? 168

69. 먹이사슬이 뭐예요? 170
70. 동물들은 어떻게 짝짓기를 하나요? 172
71. 동물은 밤에 어떻게 앞을 보나요? 174
72. 동물은 암컷과 수컷 중 어느 것이 더 예뻐요? 176
73. 동물의 왕은 누구일까요? 178
74. 숨을 안 쉬고 살 수 있는 동물도 있나요? 180
75. 곤충과 벌레는 서로 다른 것인가요? 182
76. 곤충은 왜 뒤집혀서 죽을까요? 184
77. 곤충도 냄새를 맡을까요? 186
78. 몸을 탈바꿈하는 동물도 있나요? 188

땅에 사는 동물

개는 왜 다리를 들고 오줌을 눌까?

원숭이 엉덩이는 왜 빨갛지?

캥거루 배에는 왜 주머니가 있을까?

땅에서 사는 동물들에 대한 궁금증을

풀어 보아요!

01 개 코는 왜 늘 축축한가요?

개는 무척 영리한 동물이에요. 게다가 소리도 잘 듣고, 냄새도 잘 맡지요. 특히 냄새를 맡는 능력은 사람보다 훨씬 뛰어나답니다.

그래서 냄새로 먹이도 찾고, 나쁜 짓을 한 범인을 쫓거나 찾아내는 일을 하기도 하지요. 개가 냄새를 잘 맡을 수 있는 건 코가 언제나 축축하게 젖어 있기 때문이에요. 코가 축축하다 보니 공중을 떠다니는 냄새 알갱이가 쉽게 코에 달라붙어 약한 냄새까지도 맡을 수 있는 것이지요.

참, 개 코가 말라 있다면 그건 어디가 아프다는 신호랍니다.

킁킁~

02 개는 왜 한쪽 다리를 들고 오줌을 누나요?

동물은 자기만의 영역을 표시하기 좋아해요.
특히 수컷 동물들이 그러하지요.
영역을 표시해서 "여기는 내 자리니까 너희들은
오지 마! 저리 가!"라고 알리지요.
개는 오줌을 누어서 영역을 표시한답니다.
오줌을 누어 냄새가 퍼져나간 곳까지가
자신의 영역이 되는 것이지요.
그래서 될 수 있는 한 멀리 오줌 줄기가 나가기를
원한답니다. 그래서 한쪽 다리를 높이 들고
오줌을 누어요. 다리를 높이 들면 들수록
오줌이 더 멀리 나가거든요.

사람을찾
ㅋㅋㅋ…
내가 먼저
영역 표시
했거든!

03 북극곰의 털은 왜 하얀가요?

북극은 얼음덩어리가 둥둥 떠다니는
추운 곳이에요.
이렇게 추운 곳에도 동물이 살고 있어요.
가장 대표적인 동물은 북극곰이랍니다.
보통 곰의 털 색깔은 까만데, 북극곰은 하얀 털을
가지고 있어요. 왜 그럴까요?

그것은 북극곰의 털에 색소가 하나도 없기 때문이에요.
색소가 있어야 검정이든, 빨강이든 색이 나타나는데, 색소가 없다 보니 그냥 하얀 거지요.
하지만 북극곰의 털은 빨대처럼 속이 텅 비어 있어 몸의 열이 밖으로 나가는 것을 막아 주어요.
또 북극곰이 물에 들어가 헤엄을 칠 때 털이 엉키는 것도 막아 주지요. 추운 곳에 사는 북극곰에게는 딱 맞는 털이랍니다.

04 투우는 왜 빨간 천을 보면 달려드나요?

투우는 투우사가 빨간 천을 흔들며 사나운 소와
싸우는 놀이예요.
소는 어두운 곳에 있다가 갑자기 환한 곳으로
나온데다가, 사람들이 지르는 함성 소리와 투우사가
흔드는 빨간 천을 보고 흥분을 하게 돼요.
투우사가 빨간 천을 들고 흔드는 것은 소가 빨간색을
좋아해서가 아니에요. 소는 오직 검정색과 흰색만
구별할 뿐 빨간색은 구별하지 못한답니다.
소는 흥분된 상태에서 눈앞에서 무언가가
펄럭이니까 그냥 달려드는 것뿐이에요.
빨간색은 오히려 사람을 흥분시키는 색이에요.
투우를 보는 사람들이 자극을 받고 흥분을 하라고
빨간색 천을 흔드는 거지요.

05 뱀은 왜 혀를 날름거리나요?

뱀은 눈과 귀가 나빠 보거나 듣는 일을 잘 못해요.
대신 냄새 맡는 일을 잘한답니다.
먹이가 어디에 있는지, 짝이 어디에 있는지
냄새로 찾아내지요.
뱀은 냄새를 혀를 이용해서 맡아요.
연신 혀를 날름거리면서 공기 중에 떠다니는
냄새 알갱이나 먼지를 혀에 녹인 뒤, 코와 입
천장에 있는 두 개의 홈에 갖다 대서 무슨
냄새인지 알아낸답니다. 두 개의 홈에 냄새를
알아내는 세포가 있거든요. 그러고 보니 뱀의 혀가
두 갈래로 갈라진 것은 입천장에 있는 두 홈을
이용하기 쉽게 하기 위해서네요.

으악~
뱀이다!

06 하얀 토끼는 왜 눈이 빨개요?

"하얀 토끼야, 너 밤새도록 게임했니? 왜 눈이 빨개?"

하얀 토끼 눈이 빨간 것은 눈동자에 멜라닌이라는 흑갈색 알갱이가 없기 때문에 그래요. 멜라닌이 없어서 눈 속의 수많은 핏줄이 그대로 비쳐 보여서 빨간 거랍니다.

같은 토끼라도 갈색 토끼나 검정 토끼는 눈동자가 검거나 갈색이에요. 이들 토끼는 눈동자에 멜라닌이 들어 있거든요. 하얀 토끼 말고 흰쥐도 눈이 빨갛답니다.

아니야.
너 밤새
게임했지?

07 지렁이는 왜 비가 오면 땅 위로 올라오나요?

지렁이는 땅 위의 나뭇잎이나 동물의 똥 등을
땅속 자신의 집으로 옮겨 온 뒤 흙과 함께 먹어요.
그러고는 먹은 것을 똥으로 내보내지요. 그래서
지렁이가 지나다닌 곳은 아주 작은 굴이 생겨요.

마치 농부가 밭을 간 것처럼 포슬포슬한 기름진 땅이 되지요. 지렁이는 피부로 숨을 쉬어요. 피부로 공기를 빨아들이기 때문에 피부는 늘 축축해야 하지요.

그런데 비가 오면 땅속에 빗물이 들어차 숨을 쉬기가 힘들어져요. 그러면 지렁이는 땅 위로 기어 나와 숨을 쉰답니다.

비가 그치고 해님이 나오면 지렁이의 몸은 마르게 돼요. 그러면 지렁이들은 다시 땅속으로 들어가 숨을 쉰답니다. 그런데 도시는 단단한 아스팔트나 콘크리트로 다듬어진 길이 많아요. 그 때문에 지렁이들은 얼른 땅속으로 들어가지를 못하고 이리저리 길을 헤매다 말라 죽곤 한답니다.

08 얼룩말의 몸에는 왜 얼룩무늬가 있나요?

얼룩말은 몸에 검은색과 흰색의 가로 줄이 있어요.
사실 이 줄은 검은색과 흰색의 털이에요.
이 털 무늬 때문에 어디서나 금방 눈에 띄지요.
그런데 이 줄무늬가 얼룩말을 위험에서
보호해 준다는 사실을 알고 있나요?
맹수는 늘 먹잇감으로 한 마리의 동물을 찍어요.

얼룩말을 발견한 맹수도 떼를 지어 노니는 얼룩말 가운데 한 마리를 향해 달려들지요. 그런데 놀란 얼룩말들이 도망을 가기 시작하면 맹수는 당황하고 말아요. 얼룩무늬의 말들이 한꺼번에 달리면 어느 얼룩말이 자신이 사냥하려고 했던 말이었는지 구별을 할 수 없거든요.

맹수가 당황하는 사이
얼룩말들은 "걸음아, 날 살려라!"
도망을 간답니다.

09 코끼리는 왜 코를 마음대로 움직일 수 있나요?

코끼리의 코는 손과 같아요. 코끝으로 음식을 집어 입속으로 넣고, 코로 물을 빨아들여 입으로 넣기도 하지요. 또 코로 인사를 하기고 하고, 코를 휘둘러 적에게 겁을 주기도 하지요. 이와 같이 코끼리가 코를 맘대로 쓸 수 있는 것은 코가 오직 근육(살)으로만 되어 있기 때문이에요. 코끼리의 코에 뼈가 있다면 뻣뻣해서 코를 구부리거나 들어올릴 수 없어요.

그러면 코로
음식을 집어 입에 넣을
수도 없고, 코로 등에 물을 뿌려
즐기는 시원한 목욕도 할 수 없어요.

10 원숭이 엉덩이는 왜 빨개요?

원숭이는 200여 종이나 될 정도로 종류가 아주 많아요. 그래서 모든 원숭이의 엉덩이가 빨갛다고 할 수 없어요. 대체로 추운 곳에 사는 원숭이들은 얼굴과 엉덩이가 빨갛고, 아프리카처럼 더운 곳에 사는 원숭이들은 얼굴과 엉덩이가 까맣답니다. 원숭이의 엉덩이는 털이 나지 않아요. 그래서 얇은 피부 아래의 수많은 빨간 실핏줄이 그대로 비쳐 보이지요. 엉덩이가 빨간 원숭이는 이렇게 실핏줄이 비쳐 보여 그런 것이랍니다. 특히 암컷 원숭이는 짝짓기를 할 때가 되면 피부가 부풀어 올라 더욱 빨개진답니다. 참, 얼굴이 빨간 원숭이는 엉덩이도 빨갛답니다.

11 캥거루는 왜 배에 주머니가 있나요?

폴짝폴짝 뛰어다니는 캥거루는 배에 주머니를 가지고 있는 것으로 유명하지요.

이 주머니는 '육아주머니' 라고 부르는데,
암컷 캥거루만 가지고 있어요.
갓 태어난 새끼 캥거루는 털도 없고 손가락
두 마디 정도로 무척 작아요.
완전히 자라지 않은 상태로 태어난 것이지요.
그래서 새끼 캥거루는 세상에 나오자마자
얼른 엄마 캥거루의 육아주머니로 쏙
들어간답니다. 주머니 안은 따뜻하고,
젖이 있어서 새끼 캥거루는 이곳에서
안전하게 자랄 수 있거든요.
육아주머니에 들어가 있던 새끼 캥거루는
아홉 달 정도 지나면 어미 캥거루의 육아주머니를
들락날락하며 세상 구경을 해요. 그러다 태어난 지
1년 반쯤 지나면 더 이상 육아주머니에 들어가지
않는답니다.

12 얼음 땅에서 사는 동물은 춥지 않나요?

남극은 아주 추운 곳이에요. 물에는 얼음이 둥둥 떠다니고 땅에도 얼음이 뒤덮인 곳이 많지요. 또 북극은 대부분 얼음으로 뒤덮여 있고요.

어휴, 이러한 곳에도 동물이 살고 있다니,

그들은 얼마나 추울까요?

생각만 해도 불쌍하지요? 하지만 걱정하지 마세요.

얼음 땅에서 사는 동물들은 피부가 두껍고

털이 많아서 추위를 별로 느끼지 않아요.

특히 북극곰의 발바닥에는 털이 많아서

얼음 위를 걸어도 미끄럽지 않아요.

펭귄은 발바닥이 두꺼운 지방층으로 되어

있어서 얼음 위에 서 있어도 발이

하나도 시리지 않답니다.

13 도마뱀은 꼬리가 잘려도 살 수 있나요?

짧은 앞뒷다리에 긴 꼬리를 가지고 있는 도마뱀!
도마뱀은 적을 만나 위험에 빠지면 흔들흔들
꼬리를 흔들어 적을 꾀어요.
"나 잡아 봐라. 덤빌 테면 덤벼." 흔들거리는
꼬리를 보고 적이 다가오면 도마뱀은 얼른 자신의
꼬리를 끊어 버려요. 적이 끊어진 도마뱀 꼬리를
보고 당황하는 사이 도마뱀은 재빨리 도망을
친답니다. 도마뱀의 꼬리는 뼈가 쉽게 빠지고,
근육도 짧아 꼬리를 끊기 쉬워요. 그리고
끊어진 꼬리는 금방 다시 생겨나요.

이때 꼬리뼈는 생기지 않고
연골과 비슷한 흰색 힘줄이
생긴답니다.

14 여우는 정말 꾀가 많은가요?

여우는 정말 꾀가 많아요. 얼마나 꾀가 많은지 사냥개들도 여우를 놓치기 쉬워요. 여우의 꼬리 등쪽과 발바닥에서는 고약한 냄새가 나요. 이 냄새를 쫓아가면 여우를 잡을 수 있지요. 하지만 여우는 도망을 가면서 길을 빙빙 돌거나, 고약한 냄새가 나는 물질이 있으면 그 속에 발을 담가 냄새가 뒤섞이게 하여 쉽게 따라잡지 못하게 해요. 또 개울을 건너거나, 나무 위로 올라가 냄새의 흔적을 없애기도 하지요. 여우는 오소리나 너구리의 굴에 들어가 오줌이나 똥을 누기도 해요. 그 지독한 냄새에 오소리나 너구리가 굴을 버리고 떠나가면 그 굴을 차지하기

위해서지요. 정말 여우의
꾀는 보통이 아니지요?

15 돼지는 왜 몸에 진흙을 묻히나요?

돼지 하면 어떤 생각이 떠오르나요?
지저분하고 더럽다는 생각이 든다고요? 허긴 지저분한 방을 보고 돼지우리 같다는 말을 하기도 하지요. 하지만 이건 잘못된 말이에요.
돼지는 아주 깨끗한 동물이랍니다. 돼지는 먹는 곳, 자는 곳, 똥 누는 곳을 스스로 구분하는 영리한 동물이거든요. 돼지가 더럽다고 느끼는 것은 진흙에 뒹굴기를 좋아하기 때문이에요.
돼지는 몸에 땀구멍이 없어요. 땀을 몸 밖으로 내보내야 더운 몸을 식힐 수 있는데, 땀구멍이 없다 보니 체온 조절이 안 되지요. 그래서 진흙에 뒹굴어 더위를 식힌답니다.

진흙 속에 들어 있는 물이 마르면서 돼지의 몸을 식혀 주거든요.

16 판다는 대나무만 먹나요?

판다는 중국, 티베트, 히말라야 등에서 살고 있는 동물이에요. 대왕판다와 너구리판다 두 종류가 있는데, 우리가 흔히 보는 판다는 대왕판다예요. 몸의 털은 하얀데, 다리나 귀의 털은 까맣답니다. 판다는 대나무 잎, 조릿대, 버섯, 죽순 등을 즐겨 먹어요. 그래서 풀만 먹는 초식 동물로 오해를 할 수도 있어요. 하지만 전혀 그렇지 않답니다. 때로는 새나 쥐, 뱀, 토끼 등을 잡아먹기도 해요.

어머!
뱀도 먹잖아.
도망가자!

17 달팽이도 이빨이 있나요?

느림보 달팽이는 등에 딱딱한 껍데기가 있어요.
그 껍데기 속에 온몸을 집어넣을 수 있지요.
움직일 때는 끈적이는 다리로 느릿느릿 기어요.
머리에는 두 쌍의 더듬이가 있고 더듬이 끝에
눈이 있답니다.
입속에 줄 모양의 혀가 있는데 혀끝에
'치설' 이라고 하는 작은 이빨이
2만 5천 개가 넘게 나 있어요.
이 치설로 이끼를 비롯하여 채소,
담뱃잎 등을 갉아 먹어요.

18 곰은 왜 꿀을 좋아할까요?

몸집이 큰 곰은 이것저것 다 먹는 잡식성 동물이에요. 사람들이 일궈 놓은 밭에 내려와 옥수수, 보리, 고구마, 감자 등 작물을 먹기도 하고, 도토리, 버섯, 머루 같은 열매를 따 먹기도 해요. 그뿐이 아니에요. 물고기나 노루, 연어와 같은 동물도 꿀꺽 먹어치운답니다. 하지만 곰이 제일 좋아하는 먹이는 벌꿀이에요. 벌집을 발견하면 통째로 먹어 치우지요. 왜냐고요? 곰도 달콤한 맛을 좋아하거든요.

와~
맛있겠다!
꿀

19 토끼는 왜 자신의 똥을 먹나요?

"똥을 먹다니, 으웩! 더러워라!"
토끼에게 더럽다고 손가락질하지 마세요.
똥을 먹는 이유가 있거든요. 토끼는 나뭇잎이나
풀을 먹고 살아요. 나뭇잎이나 풀에는 섬유질이
들어 있는데, 섬유질은 토끼의 위에서 완전히
소화가 되지 않아요. 토끼는 소장과 대장 사이에
맹장이 있는데, 이 맹장에서 섬유질을
분해한답니다.
그런데 맹장이 비타민B(비)를 흡수를 하지
못하기 때문에 그대로 똥에 섞여 나와
버려요. 비타민B(비)는 토끼가 먹이를
소화하고 흡수하는데 중요한 영양소랍니다.

그래서 토끼는 자신의 똥을 먹어서

비타민B(비)를 섭취한답니다.

20 염소는 왜 종이를 먹나요?

"앗, 염소가 종이를 먹어요. 빨리 동물 병원에 데려가야 해요!" 걱정하지 마세요. 염소는 종이를 먹어도 괜찮답니다. 염소는 나뭇잎이나 새싹, 풀잎, 나무줄기 등을 먹어요. 모두 섬유질로 이루어진 것들이지요.

종이도 섬유질이 풍부한 나무로 만든 것이어서 약하게 나무 냄새가 남아 있어요. 그래서 염소는 종이를 먹이로 알고 씹어 먹는 거랍니다.

참, 염소는 삼킨 음식을 입 안에 다시 게워 내어 씹어 삼키는 동물이기 때문에 종이를 잘 소화시킬 수 있답니다.

여보세요? 큰일 났어요!
염소가 종이를 먹고 있어요!
plays
of lessons in the thre
enes depicting conversa
formation in the

물에 사는 동물

"오징어는 왜 먹물을 쏠까?"
"게는 왜 옆으로 길까?"
"금붕어는 왜 입을 뻐끔거릴까?"
물에서 사는 동물들에 대한
궁금증을 풀어 보아요!

21 물고기는 어떻게 물속에서 숨을 쉬나요?

사람은 물속에서 숨을 쉴 수 없지만,
물고기는 그렇지 않아요.
부드럽게 헤엄을 치면서 숨을 쉴 수 있지요.
왜 그럴까? 신기하지요?
물고기에는 아가미가 있기 때문이에요.
아가미는 물고기의 눈이 있는 부분에서
조금 떨어진 곳에 있어요.

물 속에 녹아 있는 산소

물이 빠져 나간다

물

물

이산화탄소

산소를 흡수하는 아가미

아가미는 수많은 가는 주름으로 되어

있는데, 빨간 실핏줄이 흐르고 있지요.

물고기는 이 아가미로 물속에 녹아 있는

산소를 흡수하고, 몸속에 있는 찌꺼기인

이산화탄소를 내보내어 숨을 쉬어요.

아가미는 물에서 산소를 흡수하도록 만들어졌기

때문에 물 밖으로 나오면 숨을 쉴 수가 없어요.

아가미로 지나가는 물이 없기 때문에 아가미의

주름이 말라붙어 죽게 된답니다.

22 물고기는 어떻게 헤엄을 잘 쳐요?

물고기가 헤엄을 잘 칠 수 있는 것은
지느러미 때문이에요. 물고기의 지느러미는
등에 있는 등지느러미, 배에 있는 배지느러미,

가슴에 있는 가슴지느러미, 꼬리에 있는
꼬리지느러미 등으로 나뉘어요.
이 지느러미들을 흔들어서 헤엄을 친답니다.
배와 가슴지느러미는 움직일 때 쓰고,
꼬리지느러미는 속도를 조절할 때
쓰지요.
참, 몸이 넓은 물고기보다는 날씬한 물고기가
움직임이 더 재빨라요. 날씬해야 몸에 물이
부딪치는 면적이 적어 빨리 헤엄칠 수 있거든요.

지느러미 각도를
조절하여 좌우로 움직인다!

23 오징어는 왜 먹물을 쏘나요?

"에잇, 내 먹물 총을 받아랏!"
오징어는 놀라거나 성이 나면 몸에 있는 까만 먹물을 내뿜어요. 먹물은 덩어리 형태로 바닷물에 둥둥 떠 있어요. 그러면 오징어를 잡으려던 물고기는 순간 깜짝 놀라 "앗, 뭐야?" 하고 허둥지둥하게 된답니다. 그러다 먹물이 물고기인 줄 착각을 하고 먹물을 향해 달려들지요.
두말할 것도 없이 오징어는 그 틈에 얼른 도망을 간답니다.
오징어 먹물은 오징어가 자신의 몸을 보호하는 무기인 셈이지요.

오징어처럼 먹물을 쏘는
동물로는 낙지나
문어가 있답니다.

24 고래는 왜 물을 뿜나요?

기억나지요? 물고기는 아가미로 숨을 쉰다고 했어요. 그런데 고래는 아가미가 아닌 허파로 숨을 쉬는 동물이에요. 그래서 물속에서 헤엄을 치다 물 위로 떠올라 숨을 들이쉬고 다시 물속으로 들어가 헤엄을 친답니다. 숨을 들이쉬고 물속에 머무는 시간은 고래마다 조금씩 달라요.
작은 고래는 3~10분, 큰 고래는 30~80분 정도 되지요. 숨을 더 이상 참지 못하고 숨이 차면 물 위로 떠올라 참았던 숨을 내뱉는데, 이때 콧구멍의 홈과 주위에 고여 있던 물이 거센 숨결에 분수처럼 뿜어져 올라가게 된답니다.

분수공 열림
닫힘

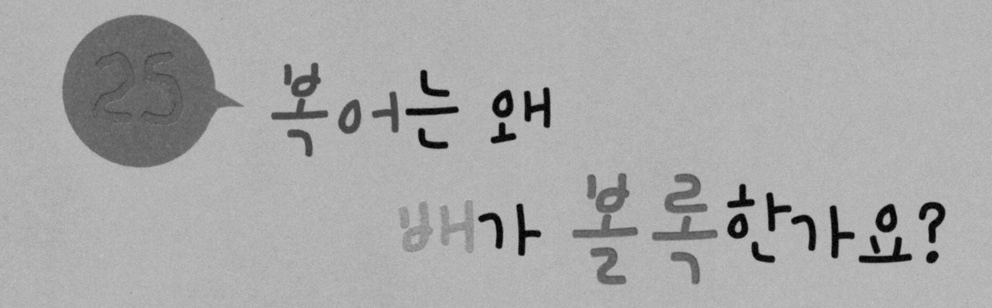

"배고픈데 잘 만났다, 흐흐흐!"
신나게 헤엄을 치고 있는 복어 앞에 적이 나타났어요. 어쩌면 좋을까요?
"흥, 내가 쉽게 잡힐 것 같아? 에잇!"
갑자기 복어 배가 풍선처럼 부풀어 올랐어요. 복어에게 무슨 일이 일어난 걸까요?
복어의 위 아래쪽에는 늘어났다 줄었다 하는 주머니가 있어요. 복어는 위험이 닥치면 공기나 물을 힘껏 들이마셔 이 주머니를 크게 부풀려요. 적은 갑자기 부풀어 오른 복어의 배를 보고 깜짝 놀라 주춤하게 되지요. 복어는 그 틈을 노려 재빨리 도망을 친답니다.

복어가 배를 볼록하게 부풀리는 것은

자신을 지키기 위한 행동이에요.

26 금붕어는 왜 입을 뻐끔거려요?

오늘따라 어항 속 금붕어가 물 위로 떠올라
입을 자주 뻐끔거린다고요?
그렇다면 얼른 어항의 물을 갈아 주세요.
금붕어는 물속에 녹아 있는 산소를 들이마셔서 숨을 쉬어요. 그런데 오랫동안 물을 갈아 주지 않으면 물속에 산소가 부족해져 숨을 쉬기가 힘들어진답니다. 그러면 물 위로 올라와 공기 중에 있는 산소를 들이마시지요. 이러한 때는 얼른 어항의 물을 갈아 주거나 기계로 물속에 산소를 넣어 주세요.

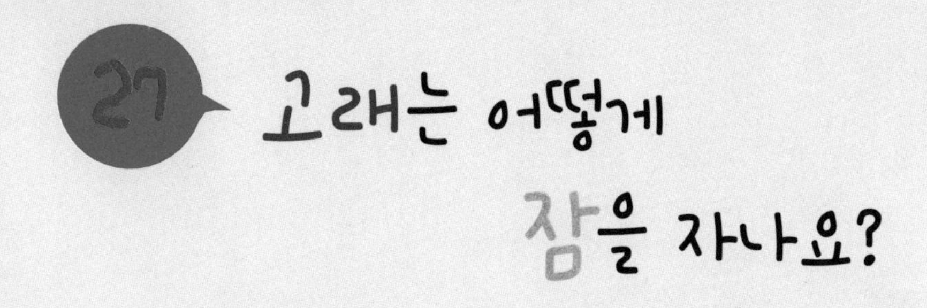

27 고래는 어떻게 잠을 자나요?

고래는 물 위에 떠올라 숨을 들이쉰 뒤 물속에
들어가 10분~30분, 어떤 고래는 1시간 정도
있다가 다시 물 위로 떠올라 숨을 들이쉬어요.
그럼, 잠은 어떻게 잘까요?
잠이 들면 물 위로 떠올라 숨을 쉴 수 없을 텐데요?
고래는 잠을 아주 짧게 자요.
40초에서 60초 정도 자다가 깨서는 물 위로
떠올라 숨을 쉬지요. 그러고는 다시 물속에
들어가 짧게 잠을 자다가 깨어나 숨쉬기를
해요.
이러한 방법으로 몇 시간 동안 잠을 잔답니다.
아니면 등에 난 숨구멍을 물 위에 내놓고 잠을

자기도 해요. 특히 참돌고래는 오른쪽 뇌와 왼쪽 뇌가 번갈아가며 잠을 자요. 오른쪽 뇌가 잠들면 왼쪽 뇌는 깨어 숨쉬기를 하고, 왼쪽 뇌가 잠이 들면 오른쪽 뇌는 깨어 있는 것이지요.

28 거북은 어떻게 오래 살까요?

거북은 보통 100년 넘게 살 수 있어요.
어떤 거북은 200년도 넘게 살기도 하지요.
믿어지지 않는다고요? 사실이랍니다.
거북은 느릿느릿 움직이고, 숨도 천천히
느리게 쉬어요. 잠도 엄청 많이 자고요.
그러다 보니 별로 힘을 들이는 일이 없어요.

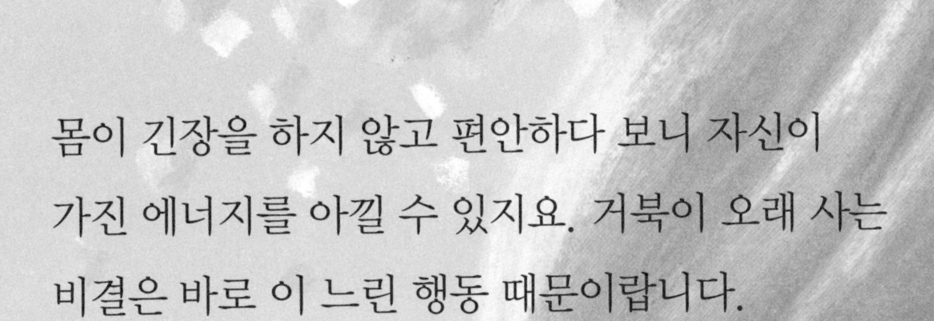

몸이 긴장을 하지 않고 편안하다 보니 자신이 가진 에너지를 아낄 수 있지요. 거북이 오래 사는 비결은 바로 이 느린 행동 때문이랍니다.

29 오징어도 피가 있나요?

오징어도 피가 있어요. 오징어의 몸 구석구석
피를 보내야 살아 움직인답니다.
그런데 피가 없는 것처럼 보이는 것은 '피' 하면
빨간색을 떠올리기 때문이에요.
피가 빨간 것은 핏속에 헤모글로빈이라는
빨간 색소가 있기 때문이에요.
그런데 오징어의 핏속에는 헤모글로빈 대신
'헤모시아닌' 이라는 색소가 있어요.
이 색소는 빛깔이 전혀 없어요.
그래서 오징어를 잘라도 피가 없는 것처럼
보인답니다. 이제 정확히 알았지요?

나도 피가 있어요!

'헤모시아닌'

30 게는 왜 옆으로 기어요?

"우하하! 저 게 좀 봐. 술 취했나 봐.
똑바로 걷지를 못 하고 옆으로 걷고 있어!"
"아니야. 걸음마를 잘못 배워서 그런 거야."
게가 옆으로 기는 건 이유가 있어요.
게는 납작한 몸통 양옆으로 큰 집게발 1쌍과
4쌍의 발이 다닥다닥 붙어 있어요.
그래서 앞으로 걷거나 뒤로 걸으면
4쌍의 다리끼리 엉켜 걸을 수 없게 된답니다.
더욱이 발이 안쪽으로 휘어 있어서
앞뒤로 기는 것보다 옆으로 기는 것이
훨씬 더 쉬워요.

하지만 밤게와 물맞이게는 다리가 가늘어 다리 사이의 넓은 틈으로 자유롭게 걸을 수 있어요.

31 물고기의 귀는 어떻게 생겼을까요?

물고기의 귀는 물고기의 머릿속 뼈에 붙어 있어요. 그래서 겉으로 드러나 보이지 않아요. 물고기는 몸을 뜨게 하는 부레로도 소리를 들을 수 있답니다.

옆줄을 통하여 물의 깊이, 온도, 흐름, 압력을 느낍니다.

어! 지진이다.

32 조개는 어떻게 움직이나요?

조개는 참 신기해요. 딱딱한 껍데기 속에 연한 몸을 숨기고 사는데 아무리 봐도 발이 없거든요. 그런데 잘도 움직여요. 마법이라도 부리는 걸까요?

조개도 발이 있어요. 껍데기를 꼭 다물었을 때는 볼 수 없지만, 껍데기 밖으로 삐죽 살이 나올 때가 있어요. 이것이 바로 조개의 발이에요. 이 발을 흙 속에 묻은 다음 몸을 앞으로 당겨 움직인답니다. 아주 위급한 상황일 때는 펄쩍 뛰어오르기도 해요.

33 날치는 어떻게 날 수 있나요?

바다 속을 헤엄치는 물고기가 날다니,
정말 신기하지요?
날치는 위험이 닥치면 빠르게 헤엄을 치다
꼬리지느러미로 힘껏 물을 박차고 물 위로
날아올라요. 그러고는 가슴지느러미와
배지느러미를 활짝 펴고 날아간답니다.
날다가 물속에 들어갔다 다시 날아오르기를
되풀이하는데, 한 번 날아올랐을 때
300~400미터 정도 날아가요. 게다가
꼬리지느러미를 움직여 방향도 바꿀 수 있어요.
물에 내릴 때는 꼬리지느러미를 먼저 물에 닿게
한 뒤 차례로 배와 가슴지느러미를 닿게 한답니다.

34 메기의 수염은 왜 긴가요?

메기는 우리나라에서 흔히 볼 수 있는 친근한 물고기예요.
위턱의 콧구멍 양옆으로 긴 수염이 한 쌍 달려 있는데, 가슴지느러미까지 닿을 정도로 길어요.
하지만 아래턱의 수염은 짧답니다.
낮에는 강바닥이나 돌 틈에 숨어 있다가 밤이면 나와 먹이를 잡아먹어요.
이때 긴 수염으로 물고기나 물속의 곤충, 개구리 등을 찾아내지요.
그러고 보면 메기의 긴 수염은 곤충의 더듬이와 비슷해요.
수염으로 먹이가 어디 있는지 알아내고,

강바닥을 더듬어 먹이가 숨어 있는 곳을

찾아내니까요.

35 문어는 왜 몸의 색깔을 바꾸나요?

문어는 뼈가 없는 연체 동물이에요.
몸길이는 발끝까지 3미터나 되지요. 몸 빛깔은
붉은 갈색이고, 연한 빛깔을 띤 그물 모양의
무늬가 있어요. 그런데 몸 빛깔을 수시로 바꾸는
특별한 재주가 있어요. 빛깔을 바꾸는 속도가
어찌나 빠른지 1초밖에 안 걸려요.
화가 났을 때는 붉은색, 두려움에 빠졌을 때는
흰색, 주변이 노란색이면 노란색 등 주변 환경에
따라 색을 바꾼답니다.
왜 이렇게 바꾸냐고요?
자신의 몸을 보호하기 위해서예요.
주변 환경과 비슷한 색으로 몸을 바꾸면
아무래도 눈에 잘 띄지 않아 큰 물고기들에게
잡아먹힐 기회가 적어지니까요.

36 돌고래는 정말 똑똑한가요?

돌고래의 IQ(아이큐)는 80이에요.
영리하다는 침팬지보다도 더 머리가 좋답니다.
사람이 위험한 존재가 아니라는 것을 알기 때문에
사람들이 주는 먹이를 잘 받아먹고 가까이 가도
피하지 않아요. 먹이를 찾을 때는 소리를 내보내
그 소리가 물체에 부딪친 뒤 되돌아오는 소리를
통해 먹이가 어디에 있고, 어느 정도 크기인지
알아내요. 숨구멍 밑에 있는 빈 공간으로
공기를 불어 소리를 내는데, 32가지의 소리를
낼 수 있어요. 돌고래들은 이 소리들로 서로
대화를 하기도 한답니다. 또 소리의 신호를
구별하고, 이해하며 기억하는 능력도 있어요.

무리를 지어 이동을 할 때, 기운이 없어 뒤로 처지는 돌고래가 있으면 친구 돌고래들이 달려들어 물 위로 밀어 올려 주어요. 숨을 쉬어 기운을 차리게 하려는 따뜻한 모습이지요.

37 오징어 먹물로 글씨를 쓸 수 있을까요?

오징어는 머리가 다리와 몸통 사이에 있어요. 한마디로 머리에 다리가 달려 있지요. 더 특이한 것은 항문이 있는 등 쪽에 먹물 주머니가 있어요. 오징어는 적이 다가오면 먹물을 쏘아 적이 당황한 사이에 도망을 간답니다. 그런데 오징어 먹물로 글씨도 쓸 수 있을까요? 쓸 수 있답니다. 하지만 오래 두고 읽을 수는 없어요. 시간이 지나면서 먹물 색깔이 바래지다가 마침내는 없어져 버리거든요. 왜냐고요? 오징어 먹물은 멜라닌이라는 색소 때문에 검게 보이는 거예요. 그런데 멜라닌은 단백질로 이루어져 있어서 시간이 지나면 흐릿해진답니다.

몸통부
먹물낭
항문
머리부
입
다리부
눈
냉장고에 못 봤니?
오징어 먹
제가 오징어 먹물로 편지 썼어요!

38 민물고기는 왜 물을 거슬러 헤엄치나요?

민물고기는 강이나 호수처럼 소금기가 없는 민물에서 사는 물고기예요. 민물고기들은 소금기가 있는 바닷물에 들어가면 거의 죽고 말아요. 민물고기들이 물을 거슬러 헤엄치는 것은 살기 위한 본능이에요. 물을 거슬러 헤엄치지 않으면 물결이 세어졌을 때 강어귀에서 바다 속으로 밀려 흘러갈 수 있거든요. 이러한 점을 알고 민물고기들은 힘들지만 강물을 거슬러 헤엄을 치는 거예요.

39 연어는 어떻게 태어난 곳으로 돌아오나요?

연어는 강에서 태어나 그다음 해 바다로 나가
3~5년 정도를 살아요. 이쯤 되면 연어들은
완전히 자라 짝짓기를 할 수 있어요.
연어는 짝짓기를 할 때가 되면 자신들이 태어난
강으로 물을 거슬러 돌아와요.
넓은 바다에서 어떻게 강을 찾아 돌아올까요?
연어는 태어난 강의 물맛과 냄새를 꼭꼭
기억해 두었다가 기억을 되살려 돌아온다고
해요. 또 해가 떠 있는 위치를 몸으로
느낄 수 있어서 자신이 태어난 강으로
돌아올 수 있다고도 해요.

해가 저기! 있으니!
이쪽 방향이야!
그래, 맞아!
그리운 냄새가
나는 것 같아.

40 해마는 수컷이 알을 낳나요?

동물은 암컷이 알을 낳거나 새끼를 낳아요. 그러니 수컷 해마가 알을 낳을 리가 없지요. 단지 수컷 해마는 암컷이 낳은 알을 품어 부화시키는 일을 한답니다. 수컷 해마의 꼬리 배 쪽에는 '육아낭'이라는 주머니가 있어요. 암컷이 이 주머니 속에 알을 낳으면 수컷 해마는 알들이 부화될 때까지 알을 품고 있어요. 알에서 새끼들이 무사히 태어나도록 지키는 셈이지요. 알에서 갓 깨어난 새끼 해마들은 육아낭을 드나들며 자란답니다. 하지만 어느 정도 새끼 해마들이 자라면 수컷 해마는 뒤도 돌아보지 않고 떠나 버려요.

수컷 해마
여보
우리 아기
잘 지켜줘요!
실고기

가자미의 눈은 왜 한쪽으로 쏠려 있나요?

가자미는 눈이 오른쪽에 몰려 있어요.
생각만 해도 재미있지요?
하지만 태어날 때부터 이런 것은 아니랍니다.
알에서 갓 깨어난 가자미의 눈은 머리 양쪽에
잘 붙어 있어요. 그런데 몸이 자라면서 왼쪽 눈이
오른쪽 눈이 있는 곳으로 서서히 옮겨 와요.
그러면 가자미는 몸의 오른쪽을 위로 하고 바닥에
눕게 되고, 왼쪽 오른쪽의 몸 빛깔도 달라진답니다.
오른쪽은 거무스름한 갈색이 되고, 왼쪽은
하얗게 되지요. 가자미는 모래에 납작
붙어 있다가 조개나 새우 등을
잡아먹어요.

오른쪽을 위로 하고 먹이를 바라보고있다 보니 바닥에 붙은 왼쪽에는 눈이 필요 없게 되었어요. 그래서 오른쪽에 눈이 몰려 있게 된 거랍니다.

하늘을 나는 동물

꿀벌은 왜 침을 쏘면 죽을까요?

딱따구리는 왜 나무를 쪼아 대나요?

갈매기는 왜 바닷가에 많은가요?

정말 알고 싶은

하늘을 나는 동물 이야기!

42 박쥐는 왜 거꾸로 매달려 있나요?

박쥐가 날개를 펴고 나는 동물이지만,
새와는 달라요. 새는 뼈가 날개를 지탱하지만,
박쥐는 뼈가 없이 얇은 피부가 두 겹으로
겹쳐져 있거든요.

Z Z Z
Z Z Z

박쥐가 동굴에 매달려 있는 것은
다리가 힘이 없기 때문이에요.
다른 동물들처럼 다리를 땅에 딛고 서면
몸무게를 이기지 못하고 꽈당! 넘어지거든요.
대신 박쥐의 발톱이 갈고리처럼 휘어 있어
무엇인가 잡기에 좋아요. 그래서 거꾸로
매달려 있게 되었답니다.

메뚜기 떼가 왜 무서워요?

메뚜기는 농사에 피해를 주는 해충이에요.
어찌나 먹성이 좋은지 자신의 몸무게의 2배가량을
한 번에 먹어치운답니다.
더구나 떼를 지어 몰려다니기를 좋아해서
한번 메뚜기 떼가 휩쓸고 지나가면 농작물이
남아나지를 않아요.

실제로 1958년, 에티오피아에 수천만 마리의
메뚜기 떼가 나타나 농작물을 갉아 먹어
100만 명이 먹을 수 있는 식량을 잃었답니다.

44 꿀벌은 어떻게 꿀이 있는 곳을 아나요?

꿀을 모으는 일은 일벌이 해요. 한 마리의 일벌이 꿀을 발견하면 꿀을 빨아 배 속 가득 담아 두어요. 일벌의 배 속에는 꿀을 모아두는 주머니가 있거든요. 배를 불린 일벌은 붕붕 날아 벌집으로 돌아와요. "얘들아, 꿀이 엄청 많은 곳을 알아냈어. 빨리 함께 가 보자!" 일벌은 자신이 알아온 곳을 열심히 설명해요. 어떻게요?

바로 엉덩이춤으로요. 벌집과 아주 가까운 곳이면 둥글게 원을 그리고, 먼 곳이면 반원을 그리면서 좌우 번갈아 숫자 8을 그리며 춤을 추어요.

엉덩이춤을 빠르게

하면 가까운 곳을,

느리게 하면 먼 곳에

꿀이 있다는 뜻이랍니다.

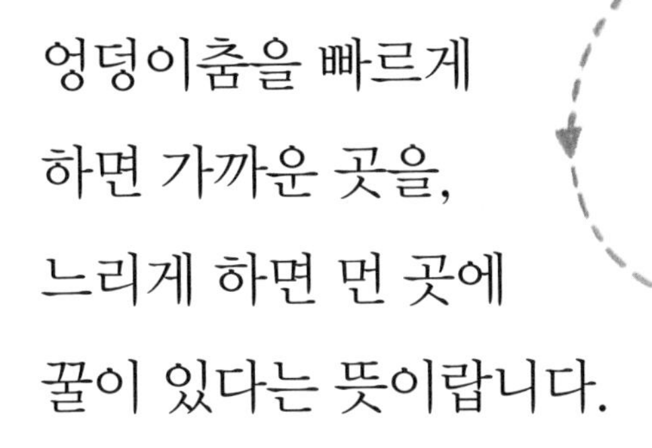

45 반딧불이는 왜 엉덩이에서 빛이 나나요?

여름밤 물가의 풀밭에서 불빛을 반짝이며 나는 반딧불이를 보았나요? 반딧불이는 배 끝 부분에 연한 노란빛을 내는 '발광기' 가 있어요. 이곳에서 나는 빛은 열이 나지 않기 때문에 만져도 뜨겁지 않아요.

반딧불이의 꽁무니에서 빛이 나는 것은 짝짓기를 위해서예요. 서로 멋진 상대를 만나 알을 낳기 위해서지요.

암컷이 알을 낳으면 알이 부화되어 애벌레가 되고, 애벌레가 자라 번데기가 된 뒤, 40일 정도 지나면 번데기를 벗고 완전한 모습의 반딧불이가 되어요.

그런데 빛은 알일 때도, 애벌레일 때도, 번데기일 때도 나요. 이때는 적에게 무섭게 보여 자신의 몸을 보호하기 위해서 나는 거랍니다.

46 매미는 왜 시끄럽게 우나요?

"매애앰 매애앰 맴~ 맴~"
여름만 되면 어김없이 울어 대는 매미.
한여름의 고요를 깨뜨리는 매미 소리는 정겹기도
하지만, 때로는 좀 시끄럽기도 하지요.
매미가 우는 것은 사랑하는 짝을 찾기
위해서예요. 한마디로 짝짓기를 하기 위해
울어 대는 거지요.
그렇다고 해서 모든 매미가 울 수 있는 것은
아니랍니다. 우는 것은 오직 수컷 매미뿐이에요.
수컷은 몸에 소리를 내는 특수한 기관이 있어서
이곳으로 소리를 내지만, 암컷은 소리를 내는
기관이 없어서 울지 못한답니다.

매미가 우는 소리는 똑같지 않아요.
암컷을 부를 때, 암컷이 다가 왔을 때,
또 적이 나타나 위험할 때마다 우는 소리가
달라요. 올여름에는 매미의 울음소리가 어떻게
다른지 한번 귀담아 들어 보세요.

47 파리는 왜 앞다리를 비빌까요?

파리는 윙윙 날아다니다 아무 곳에나 앉아요.
강아지가 눈 똥에도 앉고, 고소한 과자 위에도
앉아요. 이곳저곳 날아다니며 발에 나쁜 균도
묻히고요. 그러고는 아무렇지 않게 사람이 먹는
음식 위에 앉지요. 그래서 파리 때문에 병이 생길
수 있답니다. 그런데 앉아 있는 파리를 보세요.
앞다리를 싹싹 빌고 있지요? “잘못했어요.
살려 주세요.” 하는 것만 같아요.
파리가 앞다리를 비비는 것은 앞다리에 있는
빨판을 청소하는 거예요. 파리는 빨판으로
음식물을 빨아 먹고, 냄새를 맡기도 해요. 그리고
빨판으로 유리창이나 천장에 달라붙기도 하고요.

그런데 빨판에 먼지가 끼면 이러한 일들을 제대로 하기 힘들답니다. 그래서 침을 묻혀 가며 열심히 비벼 빨판을 청소하는 거예요.

전깃줄에 앉은 참새는 왜 감전되지 않나요?

참새네 가족이 전깃줄에 앉아 노래를 부르고 있어요. 저러다 감전이라도 되면 어쩌지요? 걱정하지 마세요. 전깃줄에 앉은 참새는 안전해요. 전기는 플러스 전선과 마이너스 전선 두 가닥이 있어야 전기가 흘러요. 감전이 되려면 플러스 전기와 마이너스 전기가 동시에 만나야 해요.

그런데 전깃줄은 플러스 전선과 마이너스 전선을 떨어뜨려 설치한답니다.

참새는 다리가 짧아 하나의 전선에만 앉을 수밖에 없어요. 그러다 보니 감전이 되지 않는 거예요. 만약 참새의 다리가 길어 한쪽 발은 플러스 전선에 다른 한쪽 발은 마이너스 전선에 척 올려놓는다면, 지지직 감전이 되어 "으악!" 비명을 지르고 말 거예요.

49 앵무새는 어떻게 말을 하나요?

"안녕하세요!"

"오랜만이네요!"

앵무새가 하는 말이에요.

그럼, 앵무새도 사람처럼 생각을 할 줄 알고, 자신이 하고 싶은 말을 술술 할 수 있을까요? 그건 아니에요. 앵무새는 사람이 여러 번 되풀이해서 훈련시킨 간단한 말만 할 수 있어요.

그러니 말뜻도 몰라요. 새는 혀끝이 얇고 뾰족해요. 하지만 앵무새는 혀끝이 동그랗고 두꺼워요. 마치 사람 혀처럼 생겼지요.

그래서 사람 말을 흉내 낼 수 있는 거예요.

"안녕하세요!"

"오랜만이네요!"

사랑해요!

50 갈매기는 왜 바닷가에 많은가요?

고요한 바다를 심심하지 않게 해 주는 동물이 있어요. 끼룩끼룩 울어 노래도 불러 주고, 밤이면 잘 자라고 자장가도 불러 주어요. 누군지 알겠지요? 갈매기예요.

갈매기는 물고기를 좋아하는 새예요.
그래서 주로 바닷가에서 생활해요.
특히 물고기 떼가 있는 곳을 발견하면 친구들과 함께 달려들어요. 그래서 어부들은 갈매기 떼가 모여 있는 곳에는 물고기가 많다는 것을 알고 있답니다. 그렇다고 갈매기가 물고기만 먹는 것은 아니에요. 갯지렁이, 음식물 찌꺼기, 메뚜기, 벌레 등 가리지 않고 무엇이든지 먹어치운답니다.

51 철새는 왜 V자로 날아가나요?

철새는 계절에 따라 사는 곳을 바꾸는 새예요. 겨울을 나기 위해 따뜻한 남쪽 나라를 찾아 떠나가기도 하고, 봄이면 남쪽에서 우리나라를 찾아 날아오기도 해요. 철새들이 날아가는 길은 아주 멀고 먼 길이에요. 그래서 많은 힘이 필요하지요. 한시도 쉬지 않고 날갯짓을 하다 보면 힘이 빠지거든요. 하지만 V자로 날아가면 힘이 덜 든답니다.

맨 앞에 있는 새가 날갯짓을 하면
새 주위로 소용돌이 바람이 일거든요.
그러면 뒤의 새는 날갯짓을 적게 해도
그 바람 덕분에 쉽게 날아갈 수 있어요.
그래서 맨 앞에서 나는 새는 가장
건강하고 경험이 많은 새랍니다.
한마디로 대장이지요.
어린 새나 새끼 새는 맨 뒤에 선답니다.

52 나방은 왜 불빛이 있는 곳으로 날아드나요?

밤이 되어 전깃불을 켜면 나방이 불빛으로 모여들어요. 왜 그런지 궁금하지요? 나방은 밤에 활동하는 야행성 곤충이에요. 밤이 되어야 먹이도 찾고 좋아하는 친구도 만나러 나가요. 그런데 밤에 움직이려면 길을 안내해 줄 것이 있어야겠지요? 그래서 오래전부터 하늘의 달빛을 보고 길을 찾아다녔어요. 그런데 형광등이나 가로등은 사람이 만든 불빛이에요. 이 사실을 모르는

나방은 불빛을 보고 길을 비추는
달빛인 줄 알고 달려든답니다.
그러고는 빙글빙글 맴을 돌다가 전구에
부딪히거나 불에 타 죽고 말지요.

53 두루미는 왜 한쪽 다리로 서서 잠을 잘까요?

"어머, 저 두루미 좀 봐요. 다리가 하나예요!"

정말 두루미의 다리는 하나일까요?

아니에요. 두 개랍니다.

한쪽 다리는 물속에 넣고 나머지 하나는 품속에 집어넣고 있는 거예요. 이것은 체온을 지키는 두루미의 지혜랍니다. 놀랍게도 두루미의 다리는 몸과 달리 늘 차가운 피만 흘러 차가움을 느끼지 못해요. 그래서 물속에 서서 잠을 자도 괜찮답니다. 또 두루미는 몸이 무척 가벼워서 한쪽 다리로만 서 있어도 힘들지 않아요.

그리고 몸의 균형을 잡는 감각이 뛰어나서 쓰러지지 않고 서 있을 수 있답니다.

54 딱따구리는 왜 나무를 쪼아 대나요?

"따따따따딱!"

딱따구리가 나무 쪼는 소리예요. 그런데 딱따구리는 왜 저렇게 나무를 쪼아 댈까요? 딱따구리는 곧고 날카로운 부리와 단단한 꽁지깃을 가지고 있어요. 다리는 짧지만 힘이 세고 발톱은 날카로워요. 나무줄기에 붙어서 발톱을 나무껍질에 걸치고 꽁지깃으로 몸을 받친 뒤 부리로 나무를 쪼아 구멍을 뚫어요. 그러고는 가시가 달린 가늘고 긴 혀를 구멍 속에 넣어 딱정벌레의 애벌레 따위를 끌어내서 먹지요. 그렇다고 늘 나무만 쪼는 것은 아니에요. 가끔은 땅 위에서 개미를 잡아먹기도 하고, 가을과 겨울에는 나무열매를 먹기도 한답니다.

55 뻐꾸기는 왜 남의 둥지에 알을 낳아요?

뻐꾸기는 얌체예요.
자신은 둥지를 짓지 않고 남이 지어놓은 둥지에
알을 낳거든요.
"뻐꾸기야, 너 그게 무슨 심보니?"
"미안, 나도 어쩔 수 없어. 이건 나의 본능이야."
뻐꾸기는 5월에서 8월까지 종달새나 멧새,
때까치 등 자신보다 작은 새의 둥지에 1~3개의
알을 낳아요.
뻐꾸기의 알은 이 새들의 알과 비슷해서
둥지 주인은 눈치를 채지 못하지요.
둥지 주인은 알을 품어 부화를 시키고 새끼들이
태어나면 열심히 먹이를 물어다 주어요.

그런데 '그 어미에 그 새끼' 라고 할까요?
새끼 뻐꾸기는 태어난 지 하루나 이틀 사이에
둥지 안에 있는 가짜 어미의 알과 새끼를 둥지
밖으로 밀어 떨어뜨려요.
자신이 더 많은 먹이를 받아먹으려는 속셈이지요.
무럭무럭 자란 새끼 뻐꾸기는 가짜 어미에게
고맙다는 인사도 없이 훌쩍 둥지를 떠나 버려요.
정말 은혜도 모르는 뻐꾸기지요?

56 꿀벌은 왜 침을 쏘면 죽을까요?

"따끔!" 벌침에 쏘이면 눈에 불이 번쩍 할 정도로 따가워요.

침을 쏘는 벌은 꿀벌 가운데 일벌이에요. 여왕벌도 침을 쏠 수 있지만 사람을 쏘는 일은 없어요.

그리고 수벌은 침이 없어요. 침은 꿀벌의 꽁무니에 삐죽 나와 있어요. 끝이 바늘처럼 뾰족한데 겉에 갈고리가 있어요.

만약 사람의 손등에 침을 쏘면 이 갈고리 때문에 침이 박혀 빠지지 않아요. 대신 꿀벌이 침을 쏜 뒤 날아가려 힘껏 날아오르면, 그 순간 꿀벌의 몸에서 내장과 함께 침이 빠져버린답니다. 내장이 빠져버리니 꿀벌은 목숨을 잃을 수밖에요.

으앗! 따가워!
침
갈고리

57 하루살이는 하루만 사나요?

하루살이는 하천이나 호수 등 물가에서 살아요.
알에서 깨어나 애벌레와 번데기를 거쳐
어른 하루살이가 되는 데 1~3년 정도 걸린답니다.
그런데 정작 어른 하루살이가 되어서는 고작
몇 시간 또는 1~3일 정도를 살다 죽어요.
짧은 시간 동안 살다 죽기 때문에 '하루살이' 라는
이름으로 부르게 되었어요. 하루살이는 살아 있는
시간이 짧아 무엇을 먹을 시간도 없어요.
살아 있는 동안 얼른 짝짓기를 하여 자신들의
종족을 이어야 하거든요. 그래서 하루살이는 입이
없어요. 하루살이는 그들에게 주어진 1~3일 안에
짝짓기를 하여 알을 낳고는 죽는답니다.

58 모기가 좋아하는 혈액형도 있나요?

"앗, 따가워. 모기가 나만 물어. 난 혈액형이 O형인데, O형 피를 좋아하나?" 모기는 암컷만 동물의 피를 빨아먹어요. 수컷은 식물의 즙액, 과일 즙액 등을 빨아먹지요. 암컷도 식물의 즙액을 먹기는 하지만, 알을 낳기 위해서는 피를 빨아먹어야 해요. 피 속에는 모기가 알을 낳는 데 필요한 영양분이 들어 있거든요.

모기가 특별히 좋아하는 피는 없어요. 숨을 내쉴 때 나오는 이산화탄소나 땀 냄새, 발 냄새, 체온 등을 느끼고 날아와서는 콕! 물을 뿐이에요.

아얏!
으앙!
내 피 돌려 줘!
애~~앵
O형
B형
A형
AB형

59 올빼미와 부엉이는 무엇으로 구별하나요?

올빼미와 부엉이는 모두 낮에는 나뭇가지에 앉아 꼼짝을 하지 않아요. 밤이 되면 그제야 먹잇감을 찾아 활동을 하지요. 날카로운 부리와 발톱으로 들쥐, 다람쥐 등의 동물을 잡아먹는 좀 무시무시한 새들이에요.

그런데 생김새와
깃털 색깔이 서로 비슷해서
헷갈릴 수 있어요.
두 새를 구분하는 가장
큰 특징은 부엉이가 올빼미보다
눈이 더 크고, 머리 꼭대기에
귀 모양의 깃이 있다는 점이에요.

곤충이란?
① ② ③
곤충의 몸은 (머리, 가슴, 배)
세부분으로 나누어져 있다.
2개

동물에 대한 궁금증 더

땅에 사는 동물, 물에 사는 동물,

하늘을 나는 동물들에 대해서 알아보았어요.

지금부터는 그들 동물에 대해

미처 풀지 못한 궁금증을

조금 더 풀어 보아요!

60 동물과 식물은 어떻게 다른가요?

식물은 흙 속에 뿌리를 내리고 흙에서 물을
빨아들이고, 햇볕을 쬐어 이산화탄소를 빨아들여
영양분을 만들어요.
흙 속에 뿌리를 내리고 있으니 움직이지를 못해요.
그저 바람이 불면 몸만 살랑살랑 흔들 뿐이지요.
자손은 씨앗을 맺어서 퍼뜨려요.
풀, 나무, 채소 등이 식물이에요.
동물은 몸을 움직일 수 있고, 알이나 새끼를
낳아서 자손을 퍼뜨려요. 입으로 먹이를
먹어서 영양분을 섭취해야 살 수 있어요.
사람, 사자, 토끼, 새, 물고기 등이 동물이에요.

61 동물도 배꼽이 있나요?

여러분, 배꼽이 어디에 있는지 알지요?
사람은 10달 동안 엄마 뱃속에 있을 때 탯줄을
통해 엄마로부터 산소와 영양분을 받아 자라요.
"응애~." 하고 엄마 뱃속에서 나오면 엄마 몸과
길게 연결되어 있던 탯줄을 잘라내요. 탯줄을
잘라낸 자리가 아물어 생긴 것이 바로 배꼽이에요.
동물 가운데서도 원숭이나 강아지, 고래처럼
엄마 뱃속에서 어느 정도 자라다 태어나 젖을
먹고 자라는 동물은 탯줄이 있어요.
하지만 알에서 태어나는 동물은
탯줄이 없답니다.

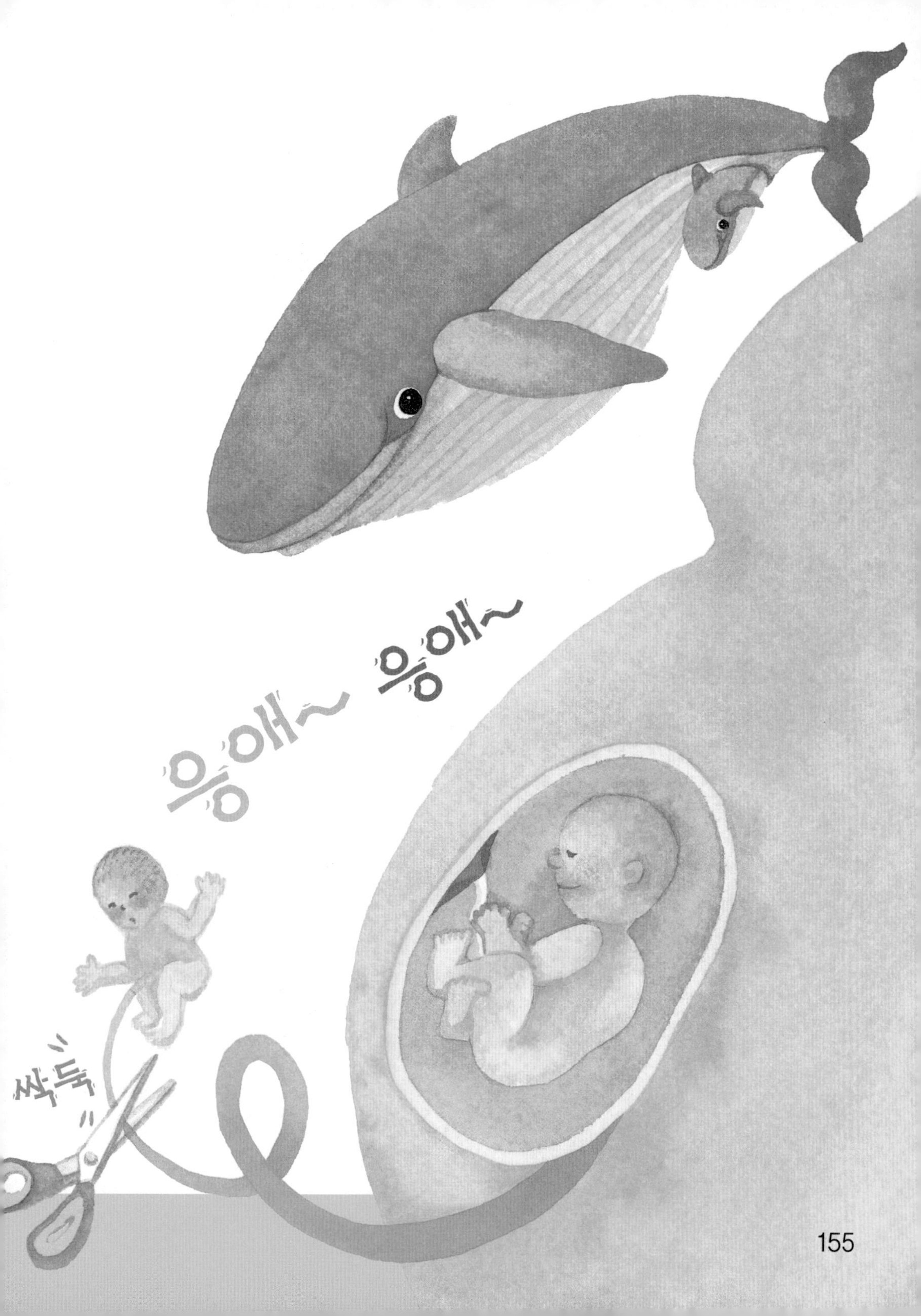
응애~ 응애~
싹둑

62 알은 왜 타원형인가요?

달걀, 타조 알, 메추리 알…….

알 모양을 잘 보세요. 공처럼 동그란가요?

아니지요? 조금 길쭉한 모양이에요. 이 모양을

타원형이라고 해요. 알이 타원형인 것은

잘 굴러가지 않도록 하기 위해서예요.

알이 동그라면 떨어뜨렸을 때 도르륵 굴러가게

돼요. 그러면 알을 쉽게 잃어버리게 되지요.

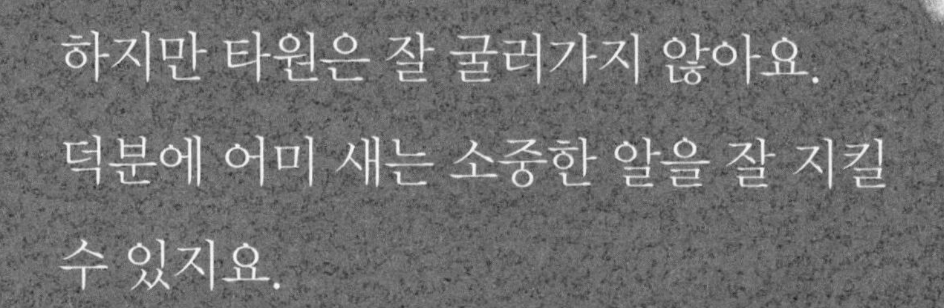

하지만 타원은 잘 굴러가지 않아요.
덕분에 어미 새는 소중한 알을 잘 지킬
수 있지요.

63 동물들도 서로 이야기를 하나요?

동물은 사람처럼 말을 하지 못해요.
하지만 동물마다 자신들이 가지고 있는
능력과 방법으로 서로 이야기를 나눈답니다.
새들은 울음소리로, 개미는 페로몬이라는 물질을
내보내서 친구 개미들에게 위험을 알려요.
고래나 박쥐는 소리를 내어서 이야기를 주고받고요,
원숭이는 소리를 내거나 몸짓을 통해 하고 싶은
말을 해요. 또한 꿀벌은 엉덩이를 흔들어 먹이가
있는 곳을 알려 주지요. 집에서 기르는 개를 보세요.
기분이 좋을 때와 화가 났을 때의 울음소리와
하는 짓이 다르지요?
호기심을 가지고 살펴보면 볼수록 자연의 세계는
정말 흥미로워요.

64 동물은 왜 겨울잠을 자나요?

추운 겨울이 오면 몸을 웅크리고 보금자리에 들어앉아 바깥 세상에 나오지 않는 동물이 있어요. 곰, 오소리, 고슴도치, 다람쥐, 박쥐, 거북, 개구리, 뱀, 곤충 등이에요. 이들은 겨우내 잠만 잔답니다. 겨울에 자는 잠이라고 해서 겨울잠이라고 해요. 왜 잘까요? 겨울이 되면 공기가 차가워서

몸의 온도를 빼앗기게 돼요. 그래서 체온을 유지하기 위해서 움직이지 않고 잠을 자는 거예요. 겨울잠을 자는 동물들은 겨울이 오기 전에 먹이를 실컷 먹어 몸속에 지방과 에너지를 많이 쌓아 두어요. 그러고는 자는 동안 조금씩 몸속 에너지를 쓰지요. 자는 동안은 몸을 움직이지 않으므로 아주 적은 에너지만으로도 봄까지 거뜬히 잘 수 있답니다.

슈우—웅!
이런~
하늘의 제왕인
나보다 크다니!
난, 날지 못해도
세상에서 제일
큰 새야.
2m
1m

65 세상에서 가장 큰 새는 무엇인가요?

독수리라고요? 아니에요.

세상에서 가장 큰 새는 타조예요.

타조가 무슨 새냐고요?

타조는 새가 맞아요. 새처럼 날개도 가지고 있지요. 그런데 몸집은 큰데 날개는 작아서 날 수 없답니다. 타조는 키가 약 2.5미터나 되고, 몸무게는 약 155킬로그램이나 되어요. 다리도 튼튼하고 힘도 세지요. 그래서 웬만한 동물들은 타조에게 덤비지를 못해요. 더구나 달리기는 얼마나 잘하는지 빠르기가 자동차와 경주를 해도 될 정도랍니다.

66 새도 오줌을 누나요?

당연하지요.

새도 오줌을 눈답니다. 단지 똥과 오줌을 따로따로 누는 것이 아니라 똥 속에 오줌을 섞어서 누지요.

새는 하늘을 날 수 있도록 몸이 가벼워야 해요. 그래서 몸에 필요한 소화기관만 가지고 있답니다. 오줌을 걸러 모으는 오줌통인 방광이 없어서 오줌을 똥과 함께 밖으로 내보내요. 새똥을 보면 하얀색의 물질이 섞여 있는데 이것이 바로 새의 오줌이에요.

다른 동물과 달리 조금은 질척한 덩어리랍니다.

비가
내리나?
ㅋㅋ
쉬했네?

67 세상에서 가장 큰 동물은 무엇인가요?

땅 위에서 사는 동물 가운데 가장 큰 동물은 코끼리예요. 커다란 몸집에 긴 코와 너풀거리는 넓은 귀, 위턱의 엄니가 길게 자란 상아가 한 쌍 있어요. 코는 뼈가 없는 근육으로 되어 있고, 윗입술과 함께 길게 자라 있어요. 코끼리에게 코는 사람의 손과 같아요. 코끝으로 먹이를 집어 올려 입으로 넣고, 물을 마실 때도 코로 빨아들여 입에 넣어요. 먹이는 나뭇잎이나 나무껍질을 먹는데, 먹는 양이 엄청나지요.

암컷이 30~40마리의 무리를 이끌고 생활하며, 물로 목욕하기를 좋아해요. 등에 진흙을 끼얹어 진드기나 쇠파리가 앉지 못하도록 하기도 해요.

쿵쿵쿵…

68 세상에서 가장 게으른 동물은 무엇인가요?

누가 뭐라 해도 나무늘보예요. 얼마나 게으른지 하루에 18시간이나 잠을 잔답니다. 지능도 무척 낮아요. 대부분 나무에 매달려 생활하는데, 앞다리와 뒷다리의 발가락에 갈고리처럼 구부러진 발톱이 있어서 갈고리 발톱을 나무에 걸쳐 매달려요.

나무 열매나 나뭇잎 등을 먹기 때문에 거의 땅에 내려오지를 않아요. 더구나 1분에 겨우 4센티미터 정도밖에 걷지 못하기 때문에 땅에 내려오면 위험해요.

다른 동물의 공격을
받았을 때 피하지
못하고 꼼짝없이 당하거든요.
그러니 나무 위에 있는 것이 안전하지요.
그런데 한 가지, 땅에서는 느리게 걷지만
물에서는 빠르게 헤엄을 치는 재주가 있답니다.

69 먹이사슬이 뭐예요?

사슬은 고리와 고리를 연결해서 만든 줄이에요.
이처럼 지구상에 살고 있는 모든 생명체는
서로 먹고 먹히는 관계가 사슬처럼 연결되어
있어요.
이것을 먹이사슬, 또는 먹이그물이라고 해요.
쉽게 설명을 해 볼게요.
땅 위에는 풀이나 나무처럼 파릇파릇한 식물이
있어요. 이 식물을 먹는 것은 토끼처럼 풀을 먹고
사는 초식 동물이에요.
토끼는 고기를 먹고 사는 여우에게 잡아먹혀요.
여우는 좀더 사납고 큰 사자나 호랑이에게
잡아먹히지요.

바다에는 아주 작은 생물인 플랑크톤이 있어요.

플랑크톤은 작은 물고기가 먹어요.

작은 물고기는 더 큰 물고기가 잡아먹고요.

큰물고기는 사람이 잡아먹지요.

이러한 먹이사슬은 생물이 사는 곳이면 어디나 있어요.

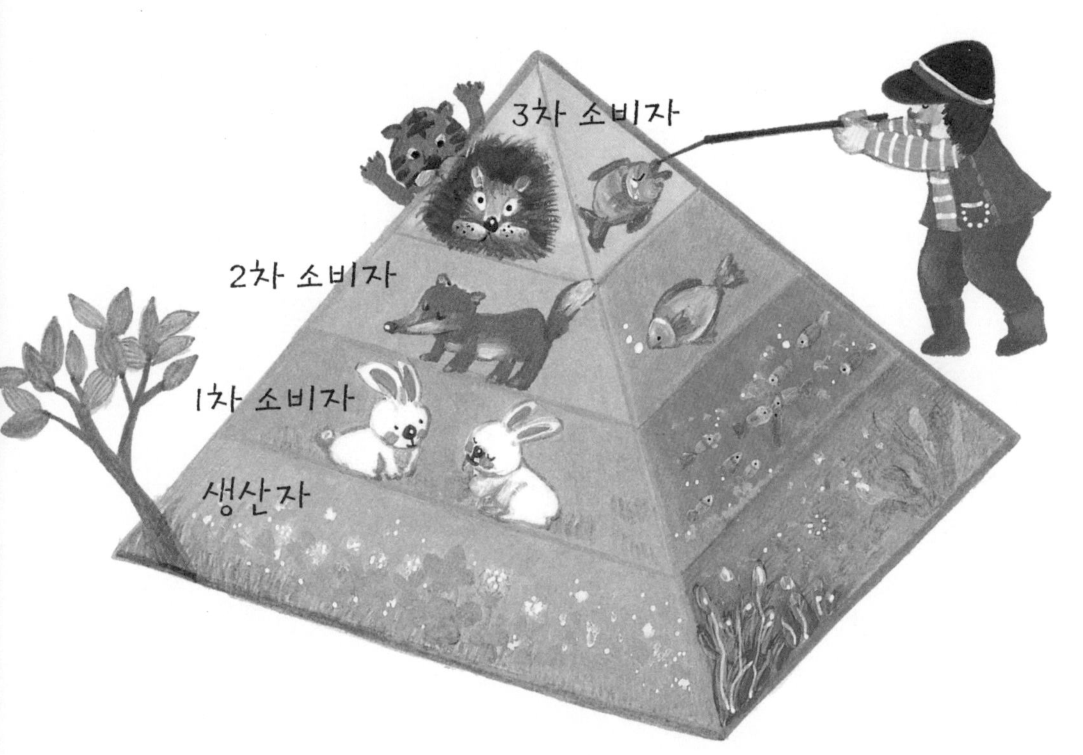

70 동물들은 어떻게 짝짓기를 하나요?

동물마다 짝짓기를 하는 방법은 달라요. 하지만 동물마다 비슷한 점은 암컷보다 수컷이 짝짓기를 위해 애를 쓴다는 점이에요. 수컷들은 경쟁자를 물리치고 암컷의 마음을 차지하려고 멋진 깃털을 펼쳐 자랑하기도 하고, 큰 소리로 노래를 부르기도 하지요. 수컷 공작은 멋진 날개를 펼쳐 암컷의 관심을 끌고, 얼룩말은 가장 힘센 수컷이 암컷을 차지해요. 개구리는 큰 소리로 울어 암컷을 불러들이고, 수컷 가시고기는 알을 낳을 집을 만든 뒤 등이 푸르게 변한 몸으로 암컷 앞에서 춤을 추어요. 동물이 짝짓기를 하는 것은 자신들의 자손을 낳아 종족을 보존하려는 본능이에요.

사람이 나이가 들면 남자와 여자가 만나 결혼을 하고 아기를 낳아 대를 잇는 것과 마찬가지지요.

71 동물은 밤에 어떻게 앞을 보나요?

동물은 낮에만 활동하는 동물과
밤에만 활동하는 동물이 있어요.
이렇게 활동하는 시간이 다른 것은
동물의 눈 때문이에요. 낮에 활동하는
동물은 망막에 있는 감각세포가 밝은
빛은 느끼지만 어두운 빛은 느끼지 못해요.
그래서 낮에만 활동하지요.
하지만 밤에 활동하는 동물은 망막에
있는 감각세포가 밝은 빛은 느끼지
못하고 약한 빛만 느끼고 명암(밝음과
어두움)만 구별할 수 있어요.
그렇기 때문에 밤에도 문제없이 활동할
수 있어요.

동물은 암컷과 수컷 중 어느 것이 더 예뻐요?

사람은 남자보다는 여자가 더 예뻐요. 멋을 부리고 꾸미기도 좋아하지요.
그런데 동물은 달라요.
암컷보다 수컷이 더 예뻐요. 수컷은 암컷의 마음을 사로잡아 알을 낳거나 새끼를 낳아야 하기 때문에 암컷의 눈에 띄어야 해요.
동물의 세계에서는 암컷이 짝짓기를 위해 수컷의 마음을 잡는 일이 거의 없어요.
수사자는 머리에 멋진 갈기를 가지고 있고,

수탉은 붉은 볏과 알록달록한 깃털을 가지고 있어요. 공작도 수컷이 화려한 꽁지깃을 가지고 있지요. 뜸부기, 꿩(수컷은 장끼라고 해요.) 등도 수컷이 화려한 깃털과 붉은 벼슬이 있어요. 또 사슴은 수컷만 뿔이 있어요.

73 동물의 왕은 누구일까요?

흔히 '동물의 왕 사자!' 라는 말을 해요.

정말 사자가 동물의 왕일까요? 덩치가 크고 힘이 센 것으로 하면 코끼리가 왕일 텐데요? 아니에요.

동물의 왕은 사자예요.

사자는 아프리카 초원에 10~20마리씩 무리를 이루고 사는데, 다른 어떤 동물도 사자를 공격하지 않아요.

동물들도 사자가 사납다는 것을 아는 것이지요.

사냥은 암사자 여러 마리가 힘을 합해 하는데, 영양, 물소, 코끼리, 하마, 얼룩말 등을 공격해요.

수사자는 사냥이 끝난 뒤 와서 먹기만 한답니다.

74 숨을 안 쉬고 살 수 있는 동물도 있나요?

생명을 가진 것은 모두 숨을 쉬어야 해요.
그래야 죽지 않지요. 그런데 독특한 동물이
있어요. 바로 '완보 동물' 이에요.
이 동물은 숨을 쉬지 않고도 살 수 있어요.
완보 동물은 크기가 깨알만 해요.
세계적으로 400종류가 있어요. 움직이는 것도
느리고 물이 펄펄 끓을 정도로 뜨거운 곳이나
얼음이 꽁꽁 어는 곳에 있어도 죽지 않아요.
바다 밑바닥, 민물 바닥의 돌, 땅 위의 이끼류 등에
붙어 살아요. 물이나 공기가 없으면 숨을 멈추고
죽은 것처럼 있어요. 그러다 주변에 물이나 공기가
생기면 다시 깨어나 활동을 하지요.

반 죽어 있는 상태로 길게는

7년을 있기도 해요.

75 곤충과 벌레는 서로 다른 것인가요?

벌레는 곤충을 포함해서 기생충, 거미, 진드기와 같은 작은 동물을 가리켜요. 정해진 기준은 없어요. 그러나 곤충은 특징이 있어요.

곤충은 몸이 마디로 연결되어 있고 머리, 가슴, 배, 세 부분으로 나뉘어요. 다리가 6개 있고, 더듬이가 2개 있어요. 그리고 대부분 날개가 있지요. 이러한 특징을 가지고 있지 않으면 벌레라고 부르면 돼요.

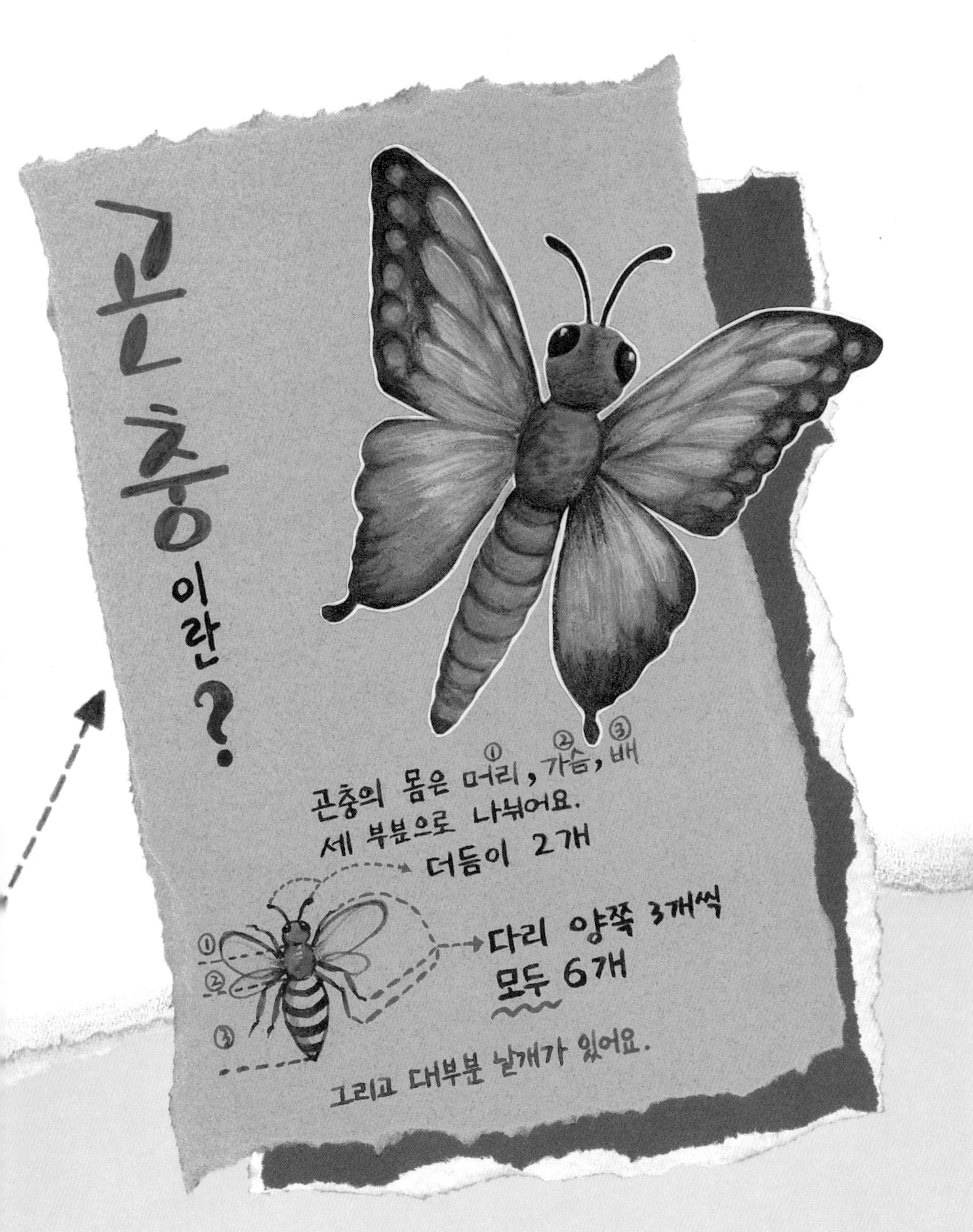
곤충이란?
① 머리
② 가슴
③ 배
곤충의 몸은 머리, 가슴, 배
세 부분으로 나뉘어요.
더듬이 2개
다리 양쪽 3개씩
모두 6개
그리고 대부분 날개가 있어요.

76 곤충은 왜 뒤집혀서 죽을까요?

곤충은 왼쪽에 3개 오른쪽에 3개, 모두 6개의 다리가 있어요. 이 다리에 골고루 힘을 주어 몸을 떠받치고 있지요. 다리를 움직이는 것은 근육과 관절인데 곤충이 죽으면 다리의 근육이 오그라들어요. 그러면 다리가 안쪽으로 오므라들어 몸을 떠받칠 수 없게 되어 몸이 뒤로 뒤집혀져요.

다리 6개
오른쪽
왼쪽
머리
가슴
배

77 곤충도 냄새를 맡을까요?

따끈따끈한 군고구마 냄새, 매콤한 떡볶이 냄새,
예쁜 꽃에서 나는 향긋한 꽃 냄새…….
우리는 이 모든 냄새를 코로 맡아요.
그런데 꿀벌이나 나비는 어떻게 꽃향기를 맡고
날아올까요? 파리는 어떻게 맛있는 반찬이 있는
것을 알고 날아올까요? 곤충도 코가 있을까요?
놀라지 마세요. 곤충의 코는 바로 더듬이예요.
더듬이로 냄새를 맡는답니다. 만약 더듬이를
자르거나, 움직이지 못하게 하면 어떨까요?
실제로 이렇게 한 뒤 꿀벌에게 물과 꿀을 주었더니
꿀을 찾지 못했고, 파리는 냄새나는 곳으로
날아가지 않았답니다.

군고구마
3000원
어묵
2000원
떡볶이
2000원
튀김
3개1000원
꼬치
윙윙

78 몸을 탈바꿈하는 동물도 있나요?

곤충은 완전히 자랄 때까지 몇 번의 탈바꿈을 해요. 나비, 벌, 파리, 무당벌레, 장수하늘소와 같은 곤충은 알에서 애벌레가 생겨요. 애벌레는 번데기가 되고, 번데기에서 나비, 벌, 파리, 무당벌레, 장수하늘소가 나온답니다. 그 과정을 잘 보세요. 알, 애벌레, 번데기는 어른이 된 곤충과는 다른 모습이에요. 그런데 곤충 가운데는 알에서 애벌레가 되었다가 번데기가 되지 않고 곧바로 어른 곤충으로 모습을 바꾸는 것도 있어요. 매미, 잠자리, 바퀴벌레, 하루살이, 메뚜기, 사마귀 등이 그렇답니다.

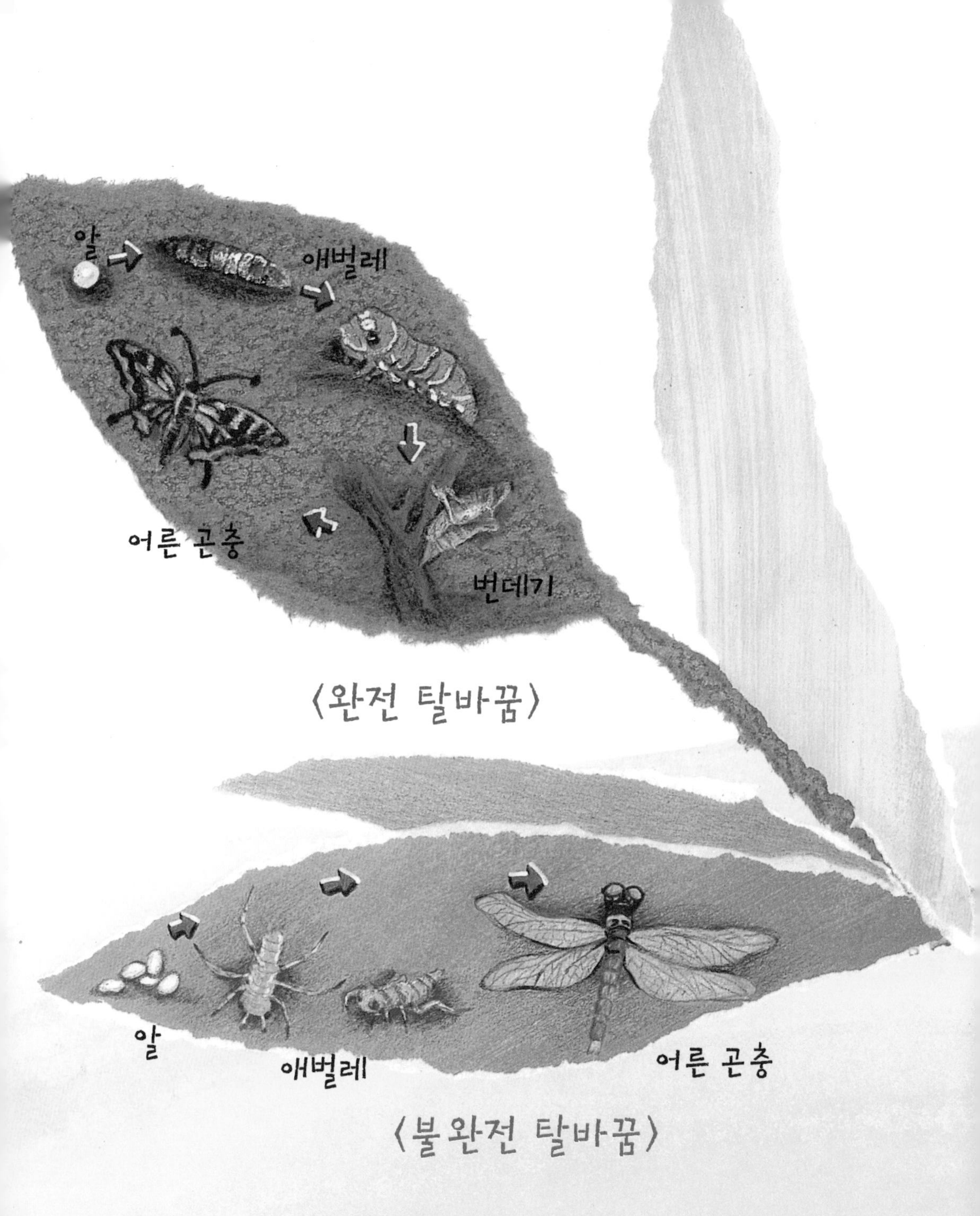
알
애벌레
어른 곤충
번데기
〈완전 탈바꿈〉
알
애벌레
어른 곤충
〈불완전 탈바꿈〉